河南省工程建设标准

住宅厨房、卫生间排气道系统应用技术规程

Technical specification for application of ventilating ducts system for residential kitchen and bathroom

DBJ41/T173－2017

主 编 单 位:河南省建筑科学研究院有限公司
河南省排气道行业协会
批 准 部 门:河南省住房和城乡建设厅
施 行 日 期:2017 年 9 月 1 日

黄河水利出版社
2017 郑 州

图书在版编目(CIP)数据

住宅厨房、卫生间排气道系统应用技术规程/河南省建筑科学研究院有限公司,河南省排气道行业协会主编.—郑州:黄河水利出版社,2017.8

ISBN 978-7-5509-1836-8

Ⅰ.①住… Ⅱ.①河… ②河… Ⅲ.①厨房-排气道-技术规范-河南 ②卫生间-排气道-技术规范-河南 Ⅳ.①TU834.2-65

中国版本图书馆 CIP 数据核字(2017)第 212522 号

出 版 社:黄河水利出版社

地址:河南省郑州市顺河路黄委会综合楼 14 层 邮政编码:450003

发行单位:黄河水利出版社

发行部电话:0371-66026940、66020550、66028024、66022620(传真)

E-mail:hhslcbs@126.com

承印单位:河南新华印刷集团有限公司

开本:850 mm×1 168 mm 1/32

印张:1.625

字数:41 千字 印数:1—2 000

版次:2017 年 8 月第 1 版 印次:2017 年 8 月第 1 次印刷

定价:20.00 元

河南省住房和城乡建设厅文件

豫建设标〔2017〕56 号

河南省住房和城乡建设厅关于发布河南省工程建设标准《住宅厨房、卫生间排气道系统应用技术规程》的通知

各省辖市、省直管县(市)住房和城乡建设局(委),郑州航空港经济综合实验区市政建设环保局,各有关单位:

由河南省建筑科学研究院有限公司、河南省排气道行业协会主编的《住宅厨房、卫生间排气道系统应用技术规程》已通过评审,现批准为我省工程建设地方标准,编号为 DBJ41/T173 –2017,自 2017 年 9 月 1 日起在我省施行。

此标准由河南省住房和城乡建设厅负责管理,技术解释由河南省建筑科学研究院有限公司、河南省排气道行业协会负责。

河南省住房和城乡建设厅

2017 年 7 月 20 日

前　言

根据《河南省住房和城乡建设厅关于印发2016年度河南省工程建设标准制订修订计划的通知》(豫建设标〔2016〕18号)的要求,河南省建筑科学研究院有限公司组织相关单位经广泛调查研究,参照国家相关标准以及相关企业的工程实践,并在广泛征求意见的基础上,编制本规程。

本规程的主要内容有总则、术语、基本规定、部品部件、设计、施工、验收。

本规程的技术内容解释工作由河南省建筑科学研究院有限公司负责。执行过程中如有意见或建议,请寄送:河南省建筑科学研究院有限公司(地址:郑州市丰乐路4号,邮编450053),以供今后修订时参考。

主 编 单 位:河南省建筑科学研究院有限公司
　　　　　　河南省排气道行业协会

参 编 单 位:中国建筑第七工程局有限公司
　　　　　　郑州市工程质量监督站
　　　　　　南阳市工程质量监督站
　　　　　　郑州昶亘建材有限公司
　　　　　　河南万世嘉建材有限公司
　　　　　　周口公正建设工程检测咨询有限公司
　　　　　　南阳金盛元建材有限责任公司

主要起草人员:鞠　晓　潘小严　沈　阳　许录明　范琪芳
　　　　　　汤劲松　王　凯　马四军　秦新波　万秀勤
　　　　　　吕　丽　任秋华　杨东亚　殷战红　刘　涛

张彦宾　陈　航　赵志立　吴　睿　李桂娟
邢　炜　王　瑞　张　离　刘　珂　王一真
李慧珍　龙向天　刘　辉　张　卓　崔艳玲
梁玉强　孟长青

主要审查人员:季三荣　郑志宏　龙　斌　唐　丽　郑丹枫
丁会甫　李建水　李亚民

目　次

1 总 则

1.0.1 为规范住宅厨房、卫生间排气道系统的应用,保证住宅厨房、卫生间排气道工程质量,满足安全、适用、经济等性能要求,制定本规程。

1.0.2 本规程适用于新建、扩建、改建100 m以下住宅的厨房、卫生间排气道系统的设计、施工及验收,100 m以上的应专项论证。既有住宅厨房、卫生间排气道系统改造可参照执行。

1.0.3 住宅厨房、卫生间排气道系统除应符合本规程外,尚应符合国家和我省现行有关标准的规定。

2 术 语

2.0.1 住宅厨房、卫生间排气道系统 ventilating ducts system for residential kitchen and bathroom

用以降低室内空气污染，把住宅厨房炊事活动产生的油烟气或卫生间浊气集中高空稀释排放，并具有防止烟气倒灌、串烟串味功能，起隔烟阻火作用的排烟气系统。由抽油烟机（排风机）、排气道、防火止回阀、屋顶风帽等组成，用于厨房、卫生间的整体排气系统。

2.0.2 排气道 ventilating duct

用于排除厨房炊事活动产生的烟气或卫生间浊气的管道制品。

2.0.3 防火止回阀 fire resisting check damper

安装在厨房抽油烟机或卫生间排风机后端至具有相应耐火等级的共用排气道进口处，并在规定时间内能满足耐火性能要求，起隔烟阻火作用的阀门。

2.0.4 屋顶风帽 roof cowl

安装于排气道顶部，在室外风压作用下能防止室外风倒灌，并能够防止雨雪等倒灌进入排气道内的装置。

3 基本规定

3.0.1 住宅厨房、卫生间排气道系统应采用满足国家相关标准规定的排气道、防火止回阀、屋顶风帽等。

3.0.2 住宅厨房、卫生间排气道系统的通风性能应符合下列规定：

1 住宅厨房排气道每户排风量不应小于 300 m^3/h，且不大于 500 m^3/h。

2 住宅卫生间排气道每户排风量不应小于 80 m^3/h，且不大于 100 m^3/h。

3.0.3 住宅厨房、卫生间排气道系统应具有防火、防串烟和防倒灌功能。

3.0.4 住宅厨房、卫生间排气道系统的管道进风口应设防火止回阀。

3.0.5 住宅厨房、卫生间排气道系统的各部件应采用不燃材料制作。

4 部品部件

4.1 一般规定

4.1.1 住宅厨房、卫生间排气道系统各部件的原材料应符合现行相关标准的要求。

4.1.2 住宅厨房、卫生间排气道宜采用工厂内机械化生产并满足设计要求。

4.2 排气道

4.2.1 排气道管体材料宜采用热镀锌钢丝网水泥排气道制品或耐碱玻璃纤维网格增强水泥排气道制品。制作排气道的主要原材料应符合下列规定：

1 热镀锌钢丝网水泥排气道制品应采用普通硅酸盐水泥，水泥的强度等级不应低于42.5级，其性能应符合《通用硅酸盐水泥》GB175的规定，增强材料宜使用22#~26#钢丝网及Φ4钢筋，钢丝网宜采用网孔尺寸为10 mm×10 mm的热镀锌钢丝网，其性能应符合《镀锌电焊网》QB/T3897的规定。

2 耐碱玻璃纤维网格增强水泥排气道制品的水泥为不低于42.5级的硫铝酸水泥。耐碱玻璃纤维网格布应符合《耐碱玻璃纤维网格布》JC/T841的规定。硫铝酸盐水泥性能应符合《快硬硫铝酸盐水泥 快硬铁铝酸盐水泥》JC933的规定，低碱度硫铝酸盐水泥性能应符合《低碱度硫铝酸盐水泥》JC/T659的规定。

3 骨料的性能应符合《轻骨料混凝土技术规程》JGJ51的规定，其粒径应不大于排气道管壁厚的1/3。

4　砂应符合《建筑用砂》GB/T14684 的有关规定。

5　外加剂应符合《混凝土外加剂》GB8076 的规定。

4.2.2　排气道的外观质量应符合下列规定：

1　排气道的外观质量应符合表 4.2.2 的规定。

表 4.2.2　排气道的外观质量

项目	技术要求	检验方法
表面质量	应平整，无麻面、蜂窝、孔洞	《住宅厨房、卫生间排气道》JG/T194
裂纹	不允许有裂纹	
内壁交界处	宜为圆角或倒角	
端面	应平整无飞边，且与管体外壁面相垂直	

2　有下列情况的排气道允许修补：

1）每侧壁面的麻面、蜂窝不应超过 2 处，每处面积不应超过 0.01 m^2；

2）端面碰损，排气道外壁损坏纵深度不应超过 50 mm，宽度不应超过 100 mm。

4.2.3　排气道的尺寸应符合设计要求，其允许偏差符合表 4.2.3 的规定。

表 4.2.3　排气道的尺寸允许偏差

项目		单位	允许偏差	试验方法
长度		mm	-9，0	《住宅厨房、卫生间排气道》JG/T194
壁厚		mm	0，+4	
断面外轮廓尺寸	a	mm	-3，+2	
	b	mm	-3，+2	
截面对角线差值		mm	±7	
垂直度		—	$H/400$	
平整度		mm	±7	

注：H 为排气道制品长度；a 为横截面长边，b 为横截面短边。

4.2.4 排气道的物理力学性能及耐火极限应符合表4.2.4的规定。

表4.2.4 排气道的物理力学性能及耐火极限

项目	单位	技术要求	试验方法
垂直承载力	kN	≥90	《住宅厨房、卫生间排气道》JG/T194
抗柔性冲击	—	使用10 kg沙袋,由1 m高度自由落下,同一位置冲击5次的条件下,不开裂	
耐火极限	h	≥1.0	

4.2.5 允许采用耐老化、耐腐蚀、耐潮湿并符合防火及环保规定的化学建材或其他轻质材料,其各项功能和性能应不低于本规程的要求。

4.3 防火止回阀

4.3.1 材料及零部件应符合下列规定:

1 阀座、阀体、阀片和除感温元件外的所有零部件应采用具有耐火、耐腐蚀、抗老化性能的材料制作。

2 止回阀中的感温控制元件应采用能使其多次动作或一次性动作的材料及工艺技术制作。

3 止回阀的耐火时间不应小于1 h,标识应清楚明晰。

4.3.2 止回阀的规格尺寸和外观质量应符合下列规定:

1 止回阀有效通风直径:厨房尺寸≥150 mm,卫生间尺寸≥80 mm。

2 止回阀的各零部件表面应平整,不允许有裂缝、压坑及明显的凹凸、锤痕、毛刺、孔洞等缺陷。

3 金属止回阀和零部件表面均应进行防腐、防锈处理,经处理后的表面应光滑、平整，镀层、涂层应牢固，不允许有起泡、剥落、开裂以及漏漆、流痕、皱纹等缺陷。

4.3.3 止回阀的主要性能除应符合下列规定外，还应符合《排油烟气防火止回阀》GA/T798 的规定：

1 感温元件动作温度应符合下列规定：

1）厨房：(140 ±2) ℃，5 min 内应不动作；(156 ±2) ℃，1 min 内应动作。

2）卫生间：(65 ±2) ℃，5 min 内应不动作；(73 ±0.5) ℃，1 min内应动作。

2 止回阀应具备高密闭性，其单位面积上的漏风量应符合《建筑通风风量调节阀》JG/T436 的规定。

3 厨房用止回阀在开启压力为 80 Pa 时，阀片应能达到完全开启，最大开启角度应不小于 60°；卫生间止回阀在开启压力为 25 Pa 时，阀片开启角度应不小于最大开启角度的 90%。

4.3.4 止回阀的性能试验方法和检验规则应按《排油烟气防火止回阀》GA/T798 的规定执行。

4.4 屋顶风帽

4.4.1 屋顶风帽宜采用水泥类屋顶风帽和金属类屋顶风帽，并应符合以下规定：

1 水泥类屋顶风帽底座宜采用不低于 C20 细石混凝土，内置直径 4 ~10 mm、间距 100 mm 的双向钢筋现浇。出风口的防堵钢丝网片宜采用直径 1 mm，10 mm ×10 mm 的热镀锌钢丝网。

2 金属类屋顶风帽各部件应做防锈、防腐处理。

3 风帽应为成品。

4.4.2 屋顶风帽的外观质量应符合下列规定：

1 水泥类屋顶风帽内外表面应平整光滑，不得有凹凸不平、麻面、裂缝等缺陷；

2　金属类屋顶风帽表面应平整光滑，不得有裂纹、压坑及明显的凹凸、毛刺、孔洞等缺陷；

3　屋顶风帽标牌应牢固，标识应清晰。

4.4.3　屋顶风帽出口净截面不能小于排气道净截面，屋顶风帽与排气道等通风管道的连接应紧密、光滑，不宜拐弯。

4.4.4　屋顶风帽在保证排气道内气体正常排出的情况下，应防止风、雨、雪等倒灌进入排气道内。

4.4.5　屋顶风帽应在任意角度自然风作用下可产生负压。屋顶风帽宜采用可引导各种方向的自然风，形成对内排气的助力效应，减小排气阻力，防止烟气倒灌。

4.4.6　屋顶风帽制作材料应采用不燃材料，所选材质应符合抗雨淋、抗风化、耐老化的要求，风帽安装高度超出避雷带时，应设置避雷装置，并与避雷带连接。

5 设 计

5.1 一般规定

5.1.1 排气道系统的设计应符合现行国家和地方相关标准的规定。

5.1.2 排气道系统设计应综合考虑排气道安装的位置、楼层的层数及使用要求等,合理选用住宅排气道系统。

5.1.3 排气道应竖向布置,不宜中途转弯或水平布置。

5.1.4 厨房和卫生间不应共用同一排气道系统。套内卫生间可共用同一排气道系统。

5.1.5 餐饮业厨房的排烟管道不得接入住宅排气道内。

5.2 排气道设计

5.2.1 排气道制品按适用住宅楼总层数分类。其设计外型尺寸应满足表5.2.1的规定。

表5.2.1 排气道制品按适用住宅楼总层数分类

序号	使用场所或气体特点	分类代号	适用住宅总层数	排气道尺寸(mm×mm)	最小壁厚δ(mm)
1	厨房排油烟	CA	≤11层	300×400	15
2	厨房排油烟	CB	12~24层	350×450	15
3	厨房排油烟	CC	≥25层	400×500	15
4	卫生间排浊气	WA	≤15层	250×300	15
5	卫生间排浊气	WB	≥16层	300×400	15

5.2.2 排气道安装的楼板预留孔洞尺寸应大于排气道各边 50 mm。

5.2.3 排气道制品长度一般为建筑层高。排气道内禁止加设除防火止回阀外的构造和配件。

5.2.4 排气道应采用分层承托。二层开始每层设一个承托点,最下层排气道直接装在底层楼板(或地坪)上,并与结构基础一体设计,当起始层位于上部结构时,应考虑排气道荷载对结构的影响。

5.2.5 当建筑层高超过 3.6 m 时,排烟气道应设置抱箍。

5.2.6 任何管线不应穿越排气道。

5.2.7 排气道应伸出屋面,伸出屋面高度应根据屋面形式、排出口周围遮挡物的高度、距离及积雪等确定,伸出高度应有利于烟气扩散。设置在上人屋面、住户平台上时,应高出屋面或平台地面 2 m;当周围 4 m 之内有门窗时,应高出门窗上皮 0.6 m。坡屋面应满足下列规定:

1 排气道中心线距屋脊小于 1 500 mm 时,应高于屋脊 600 mm。

2 排气道中心线距屋脊 1 500 ~ 3 000 mm 时,应高出屋脊,且伸出屋面高度不得小于 600 mm。

3 排气道中心线距屋脊大于 3 000 mm 时,其顶部同屋脊的连线与水平线之间的夹角不大于 10°,且伸出屋面高度不得小于 600 mm。

5.3 防火止回阀设计

5.3.1 厨房、卫生间的排气道应设置防火止回阀,防火止回阀应为具有防止各层回流性能的定型产品。

5.3.2 止回阀应具备感温元件控制其自动关闭的功能。用于厨房排油烟管道上的止回阀感温元件的公称动作温度为 150 ℃,用于卫生间排风管道上的止回阀感温元件的公称动作温度为 70 ℃。

5.4 屋顶风帽设计

5.4.1 风帽的规格尺寸及通流面积应不小于对接的排气道通流面积。

5.4.2 屋顶风帽应360°全方位防倒灌,排气道畅通。其平均阻力系数ζ应不大于0.8,其检验方法应符合国家现行行业标准《空气分布器性能试验方法》JG/T20 的规定。

5.5 进气口设计

5.5.1 厨房进气口有效通风直径应大于150 mm,卫生间进气口有效通风直径应大于80 mm。

5.5.2 进气口中心标高可根据设计需要适当调整,厨房进气口应朝向抽油烟机,且抽油烟机接口与进气口的距离不宜大于2 m。

5.5.3 排风管的弯曲角度小于90°,不得出现"凹"形的弯曲。

6 施 工

6.1 一般规定

6.1.1 排气道施工安装之前,应具备的施工条件:

1 经规定程序审批的设计图集及设计文件齐全。

2 施工单位应向监理单位进行厂家资质报检,厂家应具有排气道行业的企业达标认定证书。

3 住宅厨房、卫生间排气道系统中的防火止回阀、排气道管体、屋顶风帽等各部件应具备产品合格证、型式检验报告等质量证明文件。

4 有经批准的施工方案,并进行技术交底。

5 施工现场有材料存放场地,堆放高度不超过1.5 m。

6 排气道安装之前,由监理(建设)、施工单位见证取样,检查排气道的垂直承载力、抗柔性冲击性能是否符合《住宅厨房、卫生间排气道》JG/T194 的相关规定。

7 排气道安装之前,由建设、监理、施工单位现场钻孔试验,检查排气道壁厚是否满足本规程的要求。

6.1.2 施工工艺流程如下:

1 检查预留孔洞位置、尺寸;

2 弹出控制线;

3 材料复验、机具准备;

4 安装首层排气道,安装前应检查排气道首层基础、检查排气道型号,安装后用靠尺校正、立稳、对中;

5 安装上一层排气道,同时安装排气道承托,安装后检查其质量；

6 依次安装到顶层；

7 安装风帽，安装前检查屋顶风帽底座；

8 验收。

6.1.3 排气道安装就位后，应采取措施防止排气道外壁与墙体交接处开裂。

6.1.4 排气道安装完毕后，施工单位应在排气道与楼板预留孔洞之间的缝隙处支撑楼板底模，用不低于 C20 细石混凝土分两次将缝隙密封填实，并做好防水处理。

6.1.5 排气道安装完毕后，施工单位应将排气道外壁与建筑墙面之间的缝隙用不低于 C20 细石混凝土填实。

6.1.6 排气道安装完毕后，排气道外壁上不得固定、吊挂任何重物。

6.2 排气道安装

6.2.1 在施工前应对产品的型号、层号、外观、标志进行检查。

6.2.2 排气道安装前，应检查预留孔是否符合要求，是否垂直对中，并清除预留孔四周毛边。

6.2.3 施工安装排气道定位，应以现场测量划线为准，排气道须对准中心线安装。

6.2.4 排气道应在建筑主体结构完工、楼板预留孔洞拆模完工之后，隔墙砌筑完成前，由下向上逐层安装。

6.2.5 安装要求

各层排气道结合部缝隙用细石混凝土填实，不能出现漏抹，留有空隙现象。排气道与楼板、墙壁接缝处，使用不低于 C20 混凝土填满、振实，表面砂浆应抹平。

6.2.6 排气道成品安装允许偏差应符合表 6.2.6 的规定。

表 6.2.6　排气道成品安装允许偏差

项目检验方法	允许偏差(mm)	检验方法
中心线	+5,0	用经纬仪进行校对
平整度	+8,0	用 2 m 靠尺和塞尺检查
垂直度	+10,0	用 2 m 靠尺和线坠检查
上下层错位	±5	吊线钢尺检查

6.2.7　分项施工质量自检,检查数量应为全数检查,并认真做好检查记录。

6.2.8　排气道安装期间,应采取有效的遮挡措施,防止杂物掉落。

6.3　防火止回阀安装

6.3.1　防火止回阀安装应符合以下要求:

1　防火止回阀安装前,应检查防火阀的感温触发装置、开合角度、阀片的灵活性和密闭性。

2　防火止回阀安装位置及方向应准确,正前方应避开各类管道,与排气道的连接应牢固、平整、密封。

3　防火止回阀在吊顶安装时,应在吊顶上设检修孔。

6.4　屋顶风帽安装

6.4.1　屋顶风帽安装前,检查风帽安装基座的位置、尺寸、高度等,符合设计要求后,才能进行风帽安装。

6.4.2　屋顶风帽安装组成部件的安装位置应准确、连接应牢固。

6.4.3　风帽安装后的缝隙应采用防水材料密封。

6.4.4　风帽的防雷接地应符合设计要求。

7 验 收

7.1 一般规定

7.1.1 住宅厨房、卫生间排气道系统的验收应与《建筑工程施工质量验收统一标准》GB50300 配套使用。

7.1.2 住宅厨房、卫生间排气道系统应作为通风与空调分部工程中的子分部工程。其质量验收分为进场检验、隐蔽验收、检验批验收、分项验收、子分部工程验收五部分。验收内容应包括工程实体验收和资料验收。

7.1.3 住宅厨房、卫生间排气道系统工程完工后,应在施工单位进行全数自检的基础上进行验收。

7.1.4 住宅厨房、卫生间排气道系统部件和配件的进场检查验收按本规程附录 A 的要求执行。

7.1.5 住宅厨房、卫生间排气道系统应对下列部位或项目进行隐蔽工程验收,并应有详细的文字记录和必要的图像记录:

1 排气道管体有无缺损;

2 预埋承托件和承托的做法;

3 管道与楼板接缝防水和密封;

4 排气道管体中有无杂物;

5 排气道出屋面部分风帽底座的配筋。

7.1.6 隐蔽工程在隐蔽前应由施工单位通知监理单位进行验收,并应形成验收文件,验收合格后方可继续施工。

7.1.7 隐蔽工程质量验收应按本规程附录 B 的要求执行。

7.1.8 住宅厨房、卫生间排气道系统应按住宅单元的独立排气系统划分为一个检验批。

7.1.9 检验批验收应由专业监理工程师组织施工单位项目专业质量检查员及专业工长等进行验收。

7.1.10 检验批的合格判定应符合下列规定:

1 检验批应按主控项目和一般项目验收;

2 主控项目应全部合格;

3 一般项目应合格,当采用计数检验时,至少应有80%以上的检查点合格,且其余检查点不得有严重缺陷;

4 应有完整的施工操作依据和质量验收记录。

7.1.11 检验批质量验收应按本规程附录C的要求执行。

7.1.12 住宅厨房、卫生间排气道系统子分部由厨房排气道分项和卫生间排气道分项组成;分项工程应按单体工程的独立排气系统划分。

7.1.13 分项工程应由专业监理工程师组织施工单位项目专业技术负责人等进行验收。

7.1.14 分项工程质量验收合格应符合下列规定:

1 分项工程所含的检验批的质量均应验收合格;

2 分项工程所含的检验批的质量验收记录应完整。

7.1.15 排气道系统分项工程质量验收按本规程附录D的要求执行。

7.1.16 住宅厨房、卫生间排气道系统子分部工程质量验收应由总监理工程师(建设单位项目负责人)组织施工单位项目负责人和技术、质量负责人参加。

7.1.17 住宅厨房、卫生间排气道系统子分部工程质量验收合格应符合下列规定:

1 子分部工程所含的分项工程的质量均应验收合格;

2 质量控制资料应完整；

3 子分部工程有关安全及功能的抽样检验结果应符合有关规定；

4 观感质量应符合要求。

7.1.18 住宅厨房、卫生间排气道子分部工程质量验收时，应检查下列文件及资料：

1 设计文件、图纸会审记录、设计变更资料、技术核定单；

2 专项施工方案和技术交底；

3 产品的合格证、型式检验报告、见证取样单、进场相关复验报告；

4 隐蔽工程验收记录；

5 检验批和分项工程质量验收记录；

6 现场防串烟、防倒灌性能检测报告。

7.1.19 住宅厨房、卫生间排气道系统子分部工程质量验收按本规程附录E的要求执行。

7.2 主控项目

7.2.1 住宅厨房、卫生间排气道系统的材料、成品、半成品应符合设计和相关标准的规定。

检验数量:全数检查。

检验方法:查验材料质量合格证明文件,性能检测报告,尺量、观察检查。

7.2.2 排气道管体进场时,应对抗柔性冲击、垂直承载力进行复验,复验为见证取样,检测结果应满足设计要求和本规程规定。

检验数量:同一型号的排烟道制品进场后每500件为一检验批次,检验随机抽取一组(3件),总数不足一批次的,按一批次抽检。

检验方法:进场时抽样复检,验收时核查复验报告。

7.2.3 防火止回阀应有标牌、标志，表面应平整，不得有裂隙、压坑及明显的凹凸、锤痕、毛刺、孔洞等缺陷，耐火时间不应小于1 h，允许漏风量应符合高密闭型风阀要求。

检验数量：全数检查。

检验方法：查验质量合格证明文件，尺量、观察检查。

7.2.4 排气道管体、防火止回阀安装完成后，检查其型号、规格，应符合设计和相关标准要求。

检验数量：全数检查。

检验方法：观察检查。

7.2.5 屋顶风帽部件的安装，位置应准确，连接应可靠，避雷措施应正确有效。

检验数量：全数检查。

检验方法：尺量、观察检查、测试。

7.2.6 对已安装完毕的排气道系统应进行现场防串烟、防倒灌性能检测。检测应符合设计要求和《建筑通风效果测试与评价标准》JGJ/T309 的规定。

检验方法：排气道防串烟、防倒灌性能的竣工测试和评价方法应按本规程附录 F 进行检测。

检测数量：每子分部工程随机抽取一个单元。

7.3 一般项目

7.3.1 住宅厨房、卫生间排气道管体进场时，应进行外观质量的检查，并符合本规程的规定。

检验数量：全数检查。

检验方法：尺量、钻孔、观察检查。

7.3.2 排气道安装允许偏差应符合表 7.3.2 的要求。

表 7.3.2 排气道安装允许偏差 （单位:mm）

项目	允许偏差
垂直度	≤5
连接处错位	≤3
粉刷厚度	±5
接缝宽度	≤3

检验数量:按每检验批计数抽查 10%。

检验方法:尺量、观察检查。

7.3.3 防火止回阀、排气道进气口连接、屋顶风帽的安装应符合本规程的规定。

检验数量:按每检验批计数抽查 10%。

检验方法:尺量、观察检查。

附录A 排气道系统部件和配件进场检查验收记录

表A 排气道系统部件和配件进场检查验收记录

<table>
<tr><td colspan="4">工程名称</td><td></td><td>结构层数</td><td></td><td>建筑面积</td><td></td></tr>
<tr><td colspan="4">施工单位</td><td></td><td>项目经理</td><td></td><td>项目技术负责人</td><td></td></tr>
<tr><td colspan="4">排气道生产单位</td><td></td><td>排气道生产单位负责人</td><td></td><td>工地项目负责人</td><td></td></tr>
<tr><td colspan="4">技术规程的规定</td><td colspan="2">允许偏差或标准值</td><td colspan="2">施工单位检查评定记录</td><td>监理(建设)单位验收记录</td></tr>
<tr><td rowspan="3">主控项目</td><td colspan="3">排气道系统的主要材料、成品、半成品(第7.2.1条)</td><td colspan="2">按设计或相关标准要求</td><td colspan="2"></td><td></td></tr>
<tr><td colspan="3">抗柔性冲击、垂直承载力等性能指标(第7.2.2条)</td><td colspan="2">按设计或相关标准要求</td><td colspan="2"></td><td></td></tr>
<tr><td colspan="3">防火止回阀耐火极限、阀片允许漏风量等性能指标(第7.2.3条)</td><td colspan="2">按设计或相关标准要求</td><td colspan="2"></td><td></td></tr>
<tr><td rowspan="8">一般项目</td><td colspan="3">排气道管体外观质量(第7.3.1条)</td><td colspan="2">符合本规程的规定</td><td colspan="2"></td><td></td></tr>
<tr><td rowspan="7">尺寸允许偏差(第4.2.3条)</td><td colspan="2">长度(mm)</td><td colspan="2">0, -9</td><td colspan="2"></td><td></td></tr>
<tr><td colspan="2">垂直度</td><td colspan="2">≤H/400</td><td colspan="2"></td><td></td></tr>
<tr><td rowspan="2">横截面外公差(mm)</td><td>长边</td><td colspan="2">+2, -4</td><td colspan="2"></td><td></td></tr>
<tr><td>短边</td><td colspan="2">+2, -3</td><td colspan="2"></td><td></td></tr>
<tr><td colspan="2">截面对角差值(mm)</td><td colspan="2">≤7</td><td colspan="2"></td><td></td></tr>
<tr><td colspan="2">外表面平整度(mm)</td><td colspan="2">≤7</td><td colspan="2"></td><td></td></tr>
<tr><td colspan="2">管壁厚度(mm)</td><td colspan="2">≥13(不得有负偏差)</td><td colspan="2"></td><td></td></tr>
</table>

检查结论: 项目专业质量检查员: 年 月 日	验收结论: 监理工程师(建设单位项目负责人): 年 月 日

附录 B　排气道系统隐蔽工程质量验收记录

表 B　排气道系统隐蔽工程质量验收记录

<table>
<tr><td>工程名称</td><td colspan="2"></td><td>施工单位</td><td colspan="2"></td><td>检查部位</td><td></td><td>图号</td><td></td></tr>
<tr><td>隐蔽日期</td><td>隐蔽内容</td><td>单位</td><td>数量</td><td colspan="2">检查情况</td><td colspan="4">附图</td></tr>
<tr><td></td><td></td><td></td><td></td><td colspan="2"></td><td colspan="4" rowspan="10"></td></tr>
<tr><td></td><td></td><td></td><td></td><td colspan="2"></td></tr>
<tr><td></td><td></td><td></td><td></td><td colspan="2"></td></tr>
<tr><td></td><td></td><td></td><td></td><td colspan="2"></td></tr>
<tr><td colspan="6">有关检测资料</td></tr>
<tr><td>名称</td><td colspan="2">检测数据、结论</td><td colspan="2">证、单编号</td><td>备注</td></tr>
<tr><td></td><td colspan="2"></td><td colspan="2"></td><td></td></tr>
<tr><td></td><td colspan="2"></td><td colspan="2"></td><td></td></tr>
<tr><td></td><td colspan="2"></td><td colspan="2"></td><td></td></tr>
<tr><td>检查结论</td><td colspan="5"></td></tr>
<tr><td>施工单位</td><td colspan="2">项目技术负责人：
记录人：
年　月　日</td><td>监理（建设）单位</td><td colspan="2">年　月　日</td><td>其他单位</td><td colspan="3">代表：
年　月　日</td></tr>
</table>

附录C　排气道检验批质量验收记录

表C　排气道检验批质量验收记录

<table>
<tr><td colspan="2">工程名称</td><td colspan="7"></td><td colspan="2">验收部位</td><td colspan="2"></td></tr>
<tr><td colspan="2">施工单位</td><td colspan="3"></td><td colspan="2">质量员</td><td colspan="2"></td><td colspan="2">专业工长</td><td colspan="2"></td></tr>
<tr><td colspan="2">分包单位</td><td colspan="3"></td><td colspan="2">质量员</td><td colspan="2"></td><td colspan="2">专业工长</td><td colspan="2"></td></tr>
<tr><td colspan="3">施工执行标准名称及编号</td><td colspan="10"></td></tr>
<tr><td colspan="3">质量验收规程规定</td><td colspan="5">施工单位检查评定记录</td><td colspan="5">监理(建设)验收记录</td></tr>
<tr><td rowspan="2">主控项目</td><td colspan="2">排气道管体、防火止回阀安装(第7.2.4条)</td><td colspan="5"></td><td colspan="5"></td></tr>
<tr><td colspan="2">屋顶风帽部件的安装(第7.2.5条)</td><td colspan="5"></td><td colspan="5"></td></tr>
<tr><td rowspan="7">一般项目</td><td colspan="2">防火止回阀、排气道进气口连接、屋顶风帽的安装(第7.3.3条)</td><td colspan="5"></td><td colspan="5"></td></tr>
<tr><td colspan="2">排气道安装允许偏差(第7.3.2条)</td><td colspan="5"></td><td colspan="5"></td></tr>
<tr><td>项目</td><td>允许偏差</td><td colspan="10">实测值</td></tr>
<tr><td>垂直度</td><td>≤5 mm</td><td></td><td></td><td></td><td></td><td></td><td></td><td></td><td></td><td></td><td></td></tr>
<tr><td>连接处错位</td><td>≤3 mm</td><td></td><td></td><td></td><td></td><td></td><td></td><td></td><td></td><td></td><td></td></tr>
<tr><td>粉刷厚度</td><td>±5 mm</td><td></td><td></td><td></td><td></td><td></td><td></td><td></td><td></td><td></td><td></td></tr>
<tr><td>接缝宽度</td><td>≤3 mm</td><td></td><td></td><td></td><td></td><td></td><td></td><td></td><td></td><td></td><td></td></tr>
<tr><td colspan="13">实测　点，其中合格　点，不合格　点，合格率　%</td></tr>
<tr><td colspan="3">施工单位检查评定结果</td><td colspan="10">项目专业工长：
项目质量检查员：
年　月　日</td></tr>
<tr><td colspan="3">监理建设单位验收结论</td><td colspan="10">监理工程师(建设单位项目技术负责人)：
年　月　日</td></tr>
</table>

注：住宅厨房、卫生间排气道系统应按住宅单元的独立排气系统划分为一个检验批。

附录D　排气道系统分项工程质量验收记录

表D　排气道系统分项工程质量验收记录

<table>
<tr><td colspan="2">工程名称</td><td></td><td colspan="2">结构类型</td><td></td><td>检验批数</td><td></td></tr>
<tr><td colspan="2">施工单位</td><td></td><td colspan="2">项目经理</td><td></td><td>项目技术负责人</td><td></td></tr>
<tr><td colspan="2">分包单位</td><td></td><td colspan="2">分包单位负责人</td><td></td><td>分包单位技术负责人</td><td></td></tr>
<tr><td>序号</td><td colspan="2">检验批部位、区段</td><td colspan="3">施工单位检查评定结果</td><td colspan="2">监理(建设)单位验收结论</td></tr>
<tr><td></td><td colspan="2"></td><td colspan="3"></td><td colspan="2"></td></tr>
<tr><td></td><td colspan="2"></td><td colspan="3"></td><td colspan="2"></td></tr>
<tr><td></td><td colspan="2"></td><td colspan="3"></td><td colspan="2"></td></tr>
<tr><td></td><td colspan="2"></td><td colspan="3"></td><td colspan="2"></td></tr>
<tr><td></td><td colspan="2"></td><td colspan="3"></td><td colspan="2"></td></tr>
<tr><td></td><td colspan="2"></td><td colspan="3"></td><td colspan="2"></td></tr>
<tr><td></td><td colspan="2"></td><td colspan="3"></td><td colspan="2"></td></tr>
<tr><td></td><td colspan="2"></td><td colspan="3"></td><td colspan="2"></td></tr>
<tr><td></td><td colspan="2"></td><td colspan="3"></td><td colspan="2"></td></tr>
<tr><td>施工单位验收结论</td><td colspan="2">项目专业技术负责人：

年　月　日</td><td>监理(建设)单位验收结论</td><td colspan="4">监理工程师(建设单位项目专业技术负责人)：

年　月　日</td></tr>
</table>

附录E　排气道系统子分部工程质量验收记录

表E　排气道系统子分部工程质量验收记录

<table>
<tr><td>工程名称</td><td colspan="3"></td><td colspan="2">分项工程数量</td><td colspan="2"></td></tr>
<tr><td>施工单位</td><td colspan="2"></td><td>项目经理</td><td colspan="2"></td><td>项目技术负责人</td><td></td></tr>
<tr><td>分包单位</td><td colspan="2"></td><td>分包单位
负责人</td><td colspan="2"></td><td>分包单位
技术负责人</td><td></td></tr>
<tr><td>序号</td><td>分项工程名称</td><td>检验批数</td><td colspan="2">施工单位检查
评定结果</td><td colspan="3">验收意见</td></tr>
<tr><td>1</td><td></td><td></td><td colspan="2"></td><td colspan="3" rowspan="8"></td></tr>
<tr><td>2</td><td></td><td></td><td colspan="2"></td></tr>
<tr><td>3</td><td></td><td></td><td colspan="2"></td></tr>
<tr><td>4</td><td></td><td></td><td colspan="2"></td></tr>
<tr><td>5</td><td></td><td></td><td colspan="2"></td></tr>
<tr><td>6</td><td></td><td></td><td colspan="2"></td></tr>
<tr><td>7</td><td></td><td></td><td colspan="2"></td></tr>
<tr><td>8</td><td></td><td></td><td colspan="2"></td></tr>
<tr><td colspan="2">验收结论</td><td colspan="6"></td></tr>
<tr><td colspan="2">验收单位</td><td colspan="6"></td></tr>
<tr><td colspan="2">分包单位：

项目经理：

（公章）

年　月　日</td><td colspan="2">施工单位：

项目经理：

（公章）

年　月　日</td><td colspan="2">设计单位：

项目负责人：

（公章）

年　月　日</td><td colspan="2">监理（建设）单位：

总监理工程师（建设单位项目专业负责人）：

（公章）

年　月　日</td></tr>
</table>

附录F　排气道系统防串烟、防倒灌性能竣工测试和评价方法

F.1　一般规定

F.1.1　排气道系统防串烟、防倒灌性能竣工测试应在排气道系统安装完成后进行。

F.1.2　竣工测试可委托专业检测机构进行。其他满足本方法的测试需各参与方认可，现场签字确认。

F.2　测试方法

F.2.1　测试用仪器参数值应满足以下要求：

1）测试用调速风机：风压值≥180 Pa，排风量值≥500 m^3/h；

2）烟雾发生器或消防演习烟幕弹；

3）透气束口布袋。

F.2.2　竣工测试应按照性能分厨房和卫生间排气道，采取抽样检查方式，数量按不同系统抽检一次。

F.2.3　测试方法

1）随机选一楼层，安装上防串烟、防倒灌性能专用检测仪器，并接通电源。

2）开启烟雾发生装置，通过风机将烟雾吸进排气道内，待屋面风帽出烟后，再用透气束口布袋盖住风帽。

3）调节风机使排气道内静压≥50 Pa，目测各楼层排气道接驳处及非开机层（止回阀）进气口有无烟雾漏出。

F.3　结果评价

F.3.1　排气道系统防串烟、防倒灌性能竣工测试结果应符合：

1)排气道周围接驳处及相连墙面不应有烟雾漏出；

2)非开机层的止回阀进气口不应有烟雾漏出；

3)止回阀面板周围密封处不应有烟雾漏出。

同时符合以上情况,则判定该排气道系统防串烟、防倒灌性能合格;否则为不合格。

本规程用词说明

1 为便于在执行本规程条文时区别对待，对要求严格程度不同的用词说明如下：

1）表示很严格，非这样做不可的用词：

正面词采用“必须”，反面词采用“严禁”。

2）表示严格，在正常情况下均应这样做的用词：

正面词采用“应”，反面词采用“不应”或“不得”。

3）表示允许稍有选择，在条件许可时首先应这样做的用词：

正面词采用“宜”，反面词采用“不宜”。

4）表示有选择，在一定条件下可以这样做的用词：采用“可”。

2 条文中指明应按其他有关标准、规范执行的，写法为“应符合……的规定（或要求）”或“应按……执行”。

非必须按所指定的标准、规范执行的，写法为“可参照……执行”。

引用标准名录

《住宅设计规范》GB50096
《民用建筑设计通则》GB50352
《住宅建筑规范》GB50368
《排油烟气防火止回阀》GA/T798
《住宅厨房、卫生间排气道》JG/T194
《建筑通风风量调节阀》JG/T436
《建筑设计防火规范》GB50016
《高层民用建筑防火规范》GB50045
《通风管道耐火试验方法》GB/T17428
《建筑通风和排烟系统用防火阀门》GB15930
《玻璃纤维增强水泥排气管道》JC/T854
《建筑通风效果测试与评价标准》JGJ/T309
《住宅排气道系统应用技术规程》CECS390
《民用建筑供暖通风与空气调节设计规范》GB50736
《建筑工程施工质量验收统一标准》GB50300
《通风与空调工程施工质量验收规范》GB50243
《通用硅酸盐水泥》GB175
《镀锌电焊网》QB/T3897
《耐碱玻璃纤维网格布》JC/T841
《快硬硫铝酸盐水泥 快硬铁铝酸盐水泥》JC933
《低碱度硫铝酸盐水泥》JC/T659

《轻骨料混凝土技术规程》JGJ51

《建筑用砂》GB/T14684

《混凝土外加剂》GB8076

《空气分布器性能试验方法》JG/T20

《建筑构件耐火试验法 第1部分:通用要求》GB/T9978.1

《住宅厨房及相关设备基本参数》GB/T11228

河南省工程建设标准

住宅厨房、卫生间排气道系统应用技术规程

DBJ41/T173－2017

条 文 说 明

目　次

1 总 则

1.0.1 随着生活水平的提高，室内环境成了人们普遍关注的问题。而厨房是室内污染的最主要发源地之一，厨房在烹饪时会产生大量的油烟气体，不仅弥漫于厨房、餐厅、起居室、卧室等，形成令人讨厌的污垢，而且严重危害人体健康。近年来，大量涌现的住宅楼的厨房排烟采用集中排烟方式，即各用户将抽油烟机的排气短管接向共用的竖向烟道，烟气经垂直集中烟道从楼顶高空排放，若排气道系统产品质量不过关，则往往会导致一家做饭，整个单元都可以闻到气味。

3 基本规定

3.0.2 通风性能应符合《建筑通风效果测试与评价标准》JGJ/T309的规定。

3.0.3 对住宅厨房、卫生间排气道系统的基本功能进行了规定。

3.0.5 防火止回阀、排气道和风帽等排气道系统的组成材料(部件)应采用不燃材料制作。

4 部品部件

4.1 一般规定

4.1.2 为保证排气道的质量稳定性,促进企业排气道产品制作工艺向机械化和标准化方向发展,不宜使用手工制作排气道。

4.2 排气道

4.2.1 根据《住宅厨房、卫生间排气道》JG/T194 的规定,排气道制品因其材料组成不同,一般分钢丝网增强水泥和玻璃纤维增强水泥两类制品。应分别参照《住宅厨房、卫生间排气道》JG/T194和《玻璃纤维增强水泥排气管道》JC/T854 的规定,对两类排气道制品的物理性能提出要求。4~5 条对排气道制品在生产过程和施工过程中通用的原材料砂、混凝土外加剂等做出了相应的要求。

4.2.2 本条参照建设工程行业标准《住宅厨房、卫生间排气道》JG/T194 的规定,对排气道外观质量做出了规定。

4.2.3 本条参照建设工程行业标准《住宅厨房、卫生间排气道》JG/T194 的规定,对排气道的尺寸偏差做出了规定。

4.2.4 本条参照建设工程行业标准《住宅厨房、卫生间排气道》JG/T194 和《建筑构件耐火试验方法　第 1 部分:通用要求》GB/T9978.1 的规定,对排气道的物理力学性能及耐火极限做出了规定。

4.3 防火止回阀

4.3.1 本条依据《建筑设计防火规范》GB50016、《建筑通风和排烟系统用防火阀门》GB15930、《排油烟气防火止回阀》GA/T798等国家有关规定,保证止回阀在工程应用中的质量要求。止回阀长期在油烟气的包裹淹没下,油腻对阀片的转动功能将产生一定的影响,为了保证住宅厨房、卫生间排气道系统的正常工作,止回阀的结构设计宜便于拆卸、维护、复位等操作。

4.3.2 本条参照《排油烟气防火止回阀》GA/T798、《住宅设计规范》GB50096 的规定,并结合市场应用情况,对止回阀的规格尺寸和外观质量提出了要求。

4.3.3 防火止回阀应符合《排油烟气防火止回阀》GA/T798 的规定:

1 本条参照《排油烟气防火止回阀》GA/T798 的规定,对感温元件动作温度做出了规定。

2 本条参照《建筑通风风量调节阀》JG/T436 和《排油烟气防火止回阀》GA/T798 的规定,对止回阀的一般性能提出了要求。考虑到防火止回阀及装置为系统核心产品,为了保证其严密性,本条对其做出技术要求,产品应通过系统性能测试。

4.4 屋顶风帽

4.4.1 对屋顶风帽的材料做出规定。屋顶风帽是住宅厨房、卫生间排气道系统的一个组成部分,是安装在屋顶排气道上排油烟气的导向装置,对该系统的正常工作起到保证作用。风帽是利用自然界空气对流原理,将任一方向的空气流动加速并转变为由下而上垂直的空气流动,以提高室内通风换气的效果。

4.4.2 对屋顶风帽的外观质量做出了规定。

4.4.3~4.4.4 对屋顶风帽的性能做出了规定。

4.4.5 屋顶风帽除应具备防雨雪的基本功能外,对于排出有害污染性气体的管道而言,防倒灌功能非常重要,在此基础上屋顶风帽应具有保障出风有效面积、减小阻力,同时使室外风力有利于气流流出的功能。

5 设 计

5.1 一般规定

5.1.2 本条明确住宅厨房、卫生间排气道系统的选择，由设计根据系统安装的位置、楼层的层数及使用要求等来明确。

5.1.3~5.1.5 对排气道系统布置做出了相应的规定。

5.2 排气道设计

5.2.1 根据近几年住宅厨房、卫生间烟气集中排放的实践经验，本条提出了排气道外型尺寸设计参考选用表。

5.2.2 排气道安装预留孔洞见图5.2.2。

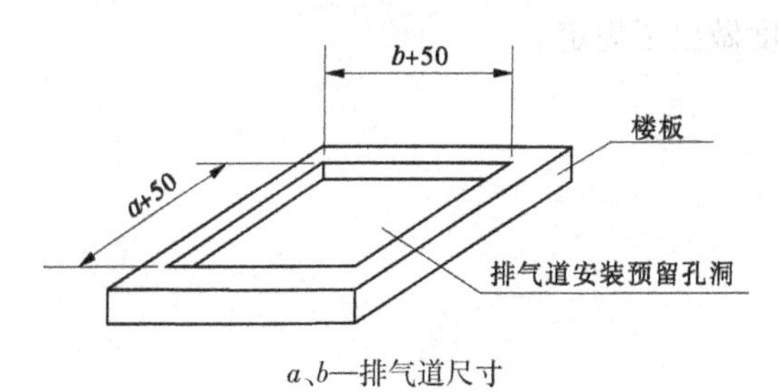

a、b—排气道尺寸

图5.2.2 排气道安装预留孔洞

5.2.3 排气道为建筑构件，一般标准高度为2 800 mm、2 900 mm、3 000 mm，对非2 800 mm、2 900 mm、3 000 mm标准高度的建筑设计可按设计要求另行加工排气道，但质量要求相同。

5.2.4 对排气道承托做出了相应的规定。

5.2.5 当房屋层高超过3.6 m，应设置抱箍，抱箍形式和位置应在图纸上明确标示。

5.2.7 本条规定排气道在建筑物内和屋面处的设置应符合《住宅设计规范》GB50096、《民用建筑设计通则》GB50352 的相关规定。

5.3 防火止回阀设计

5.3.2 根据行业标准《排油烟气防火止回阀》GA/T798 的规定，对住宅厨房、卫生间排气道系统设置防火止回阀做出了要求。

5.5 进气口设计

5.5.1~5.5.2 依据国家颁布的《住宅设计规范》GB50096、《住宅厨房及相关设备基本参数》GB/T11228 等建筑规范，对厨房设施的尺寸和空间的布置进行了解和核对后，对进气口尺寸、方向及抽烟油机接口与进气口的距离做出了规定。

5.5.3 为了使抽油烟机能够很好地排出厨房内的油烟，对排风管的弯曲角度做出了规定。

6 施　工

6.1　一般规定

6.1.1　明确了排气道施工安装之前,应具备的条件:

1　经规定程序审批的设计图集及设计文件是施工的主要依据,必须齐全。

2　施工单位应按照相关法律、法规向监理单位进行厂家资质报检,厂家须是符合标准的达标企业。

3　型式检验报告应符合下列规定:

1)委托检验的物理性能检验报告、防火止回阀检验报告、耐火极限检验报告,不应作为工程应用和验收依据。

2)排气道物理性能应提供按照《住宅厨房、卫生间排气道》JG/T194 进行检验的型式检验报告,检验报告有效期 1 年;排气道的耐火极限应提供按照《通风管道耐火试验方法》GB/T17428 进行检验的型式检验报告,检验报告有效期 1 年。

3)防火止回阀型式检验报告有效期 1 年,防火止回阀的性能型式检验应按《排油烟气防火止回阀》GA/T798 的规定执行,严密性能按《建筑通风风量调节阀》JG/T436 的规定执行。防火止回阀、屋顶风帽属外购产品,供货单位须提供防火止回阀、屋顶风帽生产单位应具备的型式检验报告证明文件及防火止回阀、屋顶风帽生产企业资质证明文件。

4)排气道系统通风性能检验报告有效期 1 年,系统性能按《建筑通风效果测试与评价标准》JGJ/T309 规定执行。

5)检查出厂合格证,合格产品规格、型号应与工程应用产品一致。

4 施工单位应编制施工方案,并经批准后方可施工,施工前应由技术人员向参与施工的人员进行技术交底。

5 材料应分类挂牌整齐堆放,堆放高度不超过 1.5 m。在搬运和安装时应轻抬轻放,不得碰撞、敲击,不得在排气道上行走或堆放其他物品。

6 为杜绝送检的产品为"合格产品",实际安装的产品为"劣质产品"这种不良现象,应加强对排气道产品开展见证取样。

7 为了保证产品质量,防止安装劣质产品,采取现场钻孔试验,检查产品壁厚。

6.1.2 对施工工艺流程做出了规定。

6.2 排气道安装

6.2.1~6.2.2 对排气道施工前的准备工作进行了规定,并对排气道安装处楼板预留孔的开孔提出了要求。

6.2.3~6.2.8 对排气道系统的安装位置、安装方式及安装允许偏差等进行了规定。

6.3 防火止回阀安装

6.3.1 防火止回阀安装前进行检查,要求防火止回阀的感温触发装置完好,开合角度正确,阀片开闭灵活,阀片关闭密封。防火止回阀结构应牢固;阀叶转轴、铰链材料不易锈蚀;阀片在最大负荷下不变形。

防火止回阀在安装时,与楼板以下间隔尺寸不应小于 200 mm,与隔墙左右间隔不应小于 150 mm,与吊顶上下间隔不应小于 150 mm。

防火止回阀在吊顶内安装时,在吊顶上设检修孔,一般开孔尺寸不宜小于 450 mm×450 mm,在条件限制时,吊顶检修孔开口也可减小为 300 mm×300 mm。在防火止回阀阀门的操作一侧应有 350 mm 的净空间，便于防火止回阀脱卸、清洗、复位、更换。

6.4 屋顶风帽安装

6.4.1～6.4.2 对屋顶风帽安装前的准备工作及安装方式等进行了规定。

6.4.3 水泥类屋顶风帽预留孔与排气道间隙用防水材料密封；金属类屋顶风帽底座连接处用防水胶封口，做防漏处理。

7 验 收

7.1 一般规定

7.1.4 住宅厨房、卫生间排气道系统中，排气道管体、风帽和外购止回阀、风帽均应提供产品合格证，并应标有生产厂家、规格、型号等。

7.1.12 住宅厨房、卫生间排气道系统子分部分为厨房排气道分项和卫生间排气道分项；每个单体工程的厨房或卫生间独立排气系统划分为一个分项工程。

7.2 主控项目

7.2.1 进入施工现场的排气道制品，须提供产品有效期内的以下资料：

1 产品合格证；

2 生产企业法人营业执照；

3 产品型式检验报告；

4 有耐火要求的检验报告。

排气道生产厂家应提供具有相应资质第三方检测机构出具的住宅排气道系统通风性能检验报告、排气道管体物理性能报告、防火止回阀型式检验报告；检验报告要求排气道耐火极限指标不应低于 1 h，防火止回阀耐火时间指标不应低于 1 h。

7.2.2 物理性能复验报告包括对进场排气道制品的见证取样和复试。垂直承载力、抗柔性冲击应符合《住宅厨房、卫生间排气道》JG/T194 的有关规定。

7.2.6 排气道系统通风性能是衡量整个系统排烟气能力的重要指标，是决定系统是否达到设计要求的依据。在《建筑通风效果测试与评价标准》JGJ/T309 中提出的试验方法，对厨房和卫生间排气道系统的通风性能评价是有效的。参考《住宅排气道系统应用技术规程》CECS390，对已完成安装的排气道系统进行防串烟、防倒灌性能竣工测试和评价，能更好地反映排气道系统的安装和设计效果。对于条件具备的实际工程，开展竣工测试和评价是非常必要的。基于此目的，本规程提出进行厨房、卫生间排气道系统竣工测试和评价。

7.3 一般项目

7.3.1 施工、监理单位应对进入施工现场的排气道制品按以下要求进行检验，合格后方可使用，并形成验收记录表。

1 进场检验数量。

2 检验内容和质量要求：

1）外观质量：排气道制品的内外表面应平整，不得有凹凸不平、裂缝，内壁交界处宜制成圆角或倒角；端面应平整无飞边，且与管体外壁面相垂直。

2）壁厚检测：任选管道一端，用游标卡尺测量壁厚，在 4 个边的中间部位各测量一个厚度值，取 4 个测量值的算术平均值作为检验结果（精确到 0.1 mm）。

3）钻孔检查：排气道制品的壁厚不应小于 13 mm（3 件样品中任一检验孔壁厚小于 13 mm，应再随机抽取 3 件样品进行钻孔检验，3 件样品中任一检验孔壁厚小于 13 mm 即视为该批次不合格）。

7.3.3 对防火止回阀、排气道进气口连接、屋顶风帽的安装质量进行检查,安装质量符合本规程规定。排气道系统安装检查需备有检验合格的钢尺、靠尺、线坠、羊角锤、冲击钻、手提切割机等施工测量工具,并备有相应的木楔子、膨胀螺栓等辅助材料。

[illegible]

7.3 一般项目

7.3.1 [illegible]

1 [illegible]

2 [illegible]

1)[illegible]

2)[illegible]

3 [illegible]

7.3.2 [illegible]